ビジュアル版

いつ？どこで？
巨大地震の
しくみ

② 調査の現場を見にいこう！

日本列島は、過去に何度も巨大地震に見舞われてきました。
そして近年、日本列島周辺では地震や津波による甚大な
災害が多く発生しています。防災先進国と言われる
日本にはさまざまな研究機関があり、連携し合い
ながら巨大地震の解明に取り組んでいます。

日本列島周辺の広大な海の観測では、大型探査
船や潜水調査船、無人探査機、海底ネットワー
クなどのさまざまな最新調査設備が活躍中。
地震・津波発生の実態を解明するために、先進的
なシミュレーション研究やモニタリング研究なども
行って、「いつ？どこで？」を事前にキャッチできるよ
う、予測精度の向上に努めています。

『ビジュアル版　巨大地震のしくみ』第2巻は、JAMSTEC を中心にさまざまな研究機関の取り組みや海底調査の現場を少しでも多くのみなさんに知ってもらい、理解を深めてもらうためにつくられました。いつ大きな地震が来ても、あわてず落ち着いて行動できるよう準備しておきましょう。

地球深部探査船「ちきゅう」

◎おもな仕様（性能）

全長：210 メートル

幅：38 メートル

国際総トン数：5 万 6752 トン

航海速力：12 ノット（時速約 22 キロメートル）

航続距離：1 万 4800 マイル（2 万 3680 キロメートル）

定員：200 名

推進システム：ディーゼル電気推進

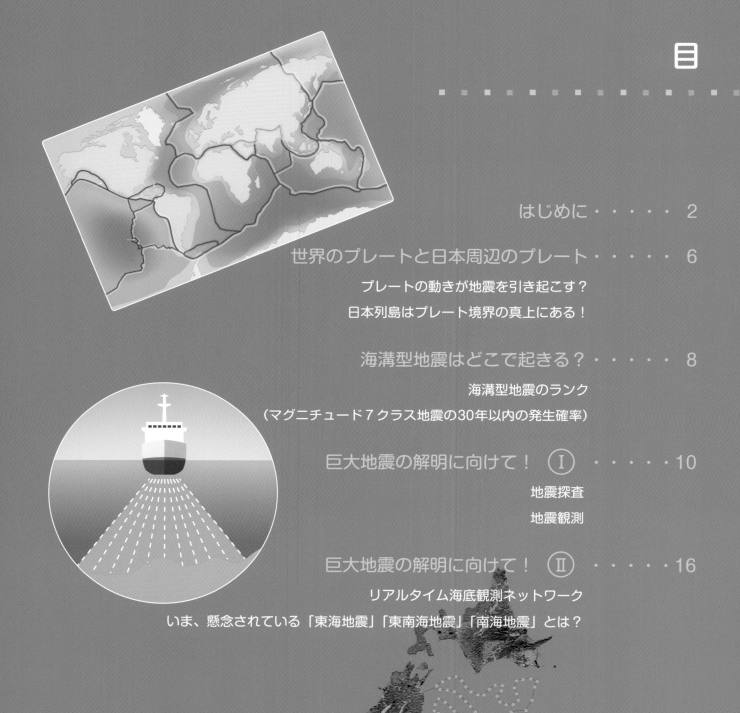

目

次

世界のプレートと日本周辺のプレート

地球の表面はたくさんのプレートでできている!

プレートの動きが地震を引き起こす?

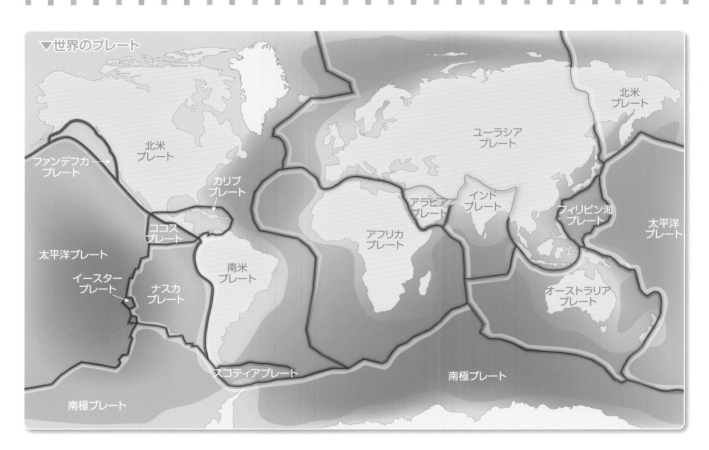

▼世界のプレート

北米プレート
ユーラシアプレート
北米プレート
ファンデフカプレート
カリブプレート
アラビアプレート
インドプレート
フィリピン海プレート
太平洋プレート
ココスプレート
アフリカプレート
太平洋プレート
イースタープレート
ナスカプレート
南米プレート
オーストラリアプレート
スコティアプレート
南極プレート
南極プレート

●マントル対流がプレートを動かす!

地球の表面はたくさんのプレートで構成されています。このプレートが動くことによりプレートの境界や境界付近の岩盤がひずみ、地震を引き起こします。この考え方を「プレートテクトニクス」と呼びます。プレートの動きの原動力はマントル対流です。

*「大陸移動説」は、1915 年にドイツの気象学者アルフレート・ヴェゲナーによって考えられた仮説でした。1960 年代に入りプレートテクトニクスが確立され大陸移動説の正しさも認識されるようになりました。今ではコンピュータ・シミュレーションなどにより再現されています。

日本列島はプレート境界の真上にある!

日本列島は、北米プレート、太平洋プレート、フィリピン海プレート、ユーラシアプレートの 4 枚の
プレート境界がひしめき合う場所にあります。

*ユーラシアプレートの一部にアムールプレート、北米プレートの一部にオホーツクプレートなどの小さなプレートが存在す
るといわれます。

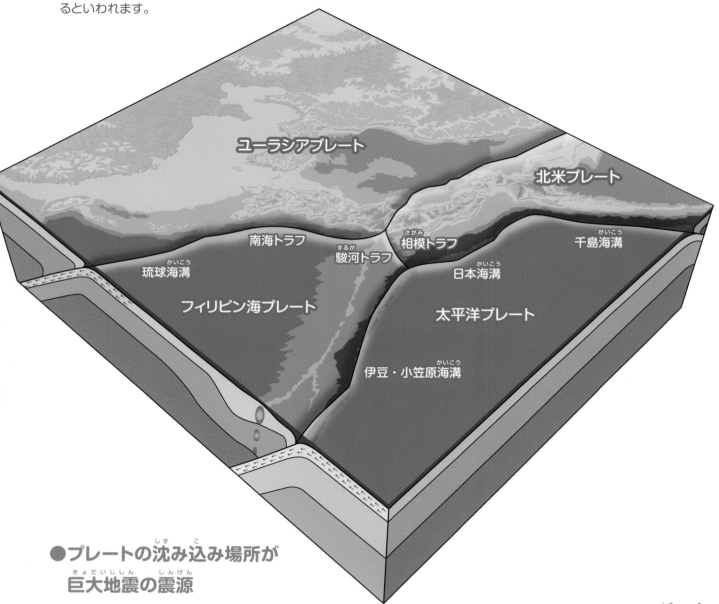

●プレートの沈み込み場所が
巨大地震の震源

4つのプレートが集中するのは世界でも数か所
しかありません。海洋プレート(太平洋プレート、
フィリピン海プレート)、が大陸プレート(北米

プレート、ユーラシアプレート)の下に沈み込
むことで岩盤がひずみ、海溝型の巨大地震を生
み出すのです。

海溝型の巨大地震は、いつどこで起きるの?

海溝型地震はどこで起きる？

海溝型地震のランク（マグニチュード7クラス地震の30年以内の発生確率）

政府機関の地震調査研究推進本部は、日本近海のプレート境界で起きる海溝型地震について、危険度がみなさんにもわかりやすいよう30年以内に発生する確率を4段階にランク分けしました。

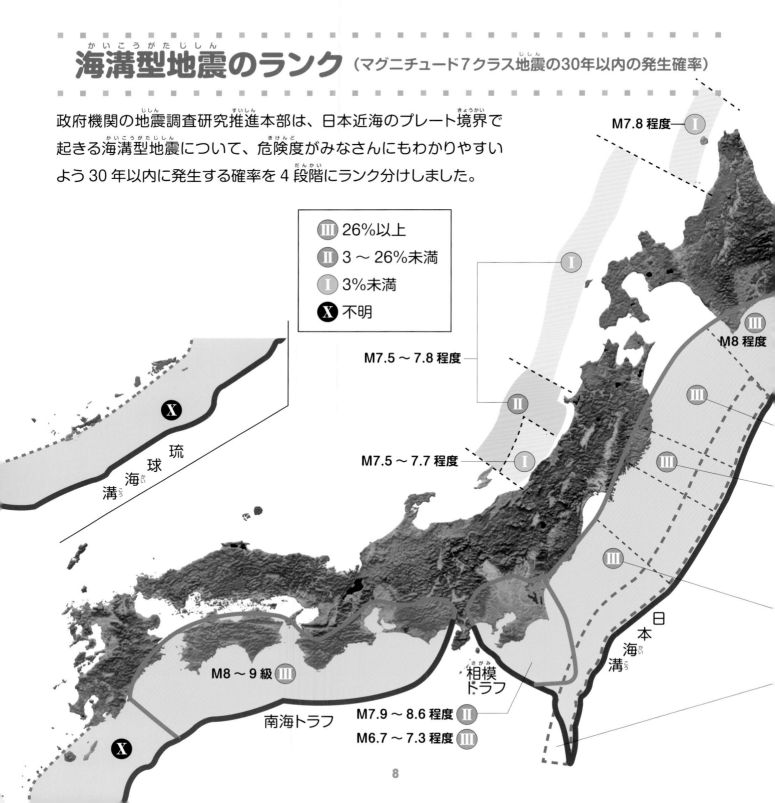

- Ⅲ 26％以上
- Ⅱ 3 〜 26％未満
- Ⅰ 3％未満
- Ⅹ 不明

M7.8 程度 — Ⅰ

M8 程度 Ⅲ

M7.5 〜 7.8 程度 — Ⅱ

M7.5 〜 7.7 程度 — Ⅰ

Ⅹ

琉球海溝

日本海溝

Ⅲ

Ⅲ

Ⅲ

M8 〜 9 級 Ⅲ

南海トラフ

相模トラフ

M7.9 〜 8.6 程度 Ⅱ

M6.7 〜 7.3 程度 Ⅲ

Ⅹ

●海溝型地震の発生確率はどこが高い？

海溝型地震のランク分けは、今後30年以内の発生確率が26％（約100年に1回程度）以上を「Ⅲ（高い）」、3％（約1000年に1回程度）〜26％未満を「Ⅱ（やや高い）」、3％未満を「Ⅰ」に分類。さらに確率が不明なものを「X」としています。これによると太平洋側で高い傾向が鮮明になりました。なお、北海道から東北地方の日本海東縁地域では、プレートの沈み込みがはじまっていると考えられています。

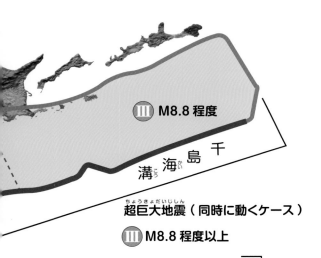

Ⅲ M8.8 程度

千島海溝

超巨大地震（同時に動くケース）

Ⅲ M8.8 程度以上

青森県東方沖および岩手県沖北部
M7.0 〜 7.9 程度

岩手県沖南部
M7.0 〜 7.5 程度

宮城県沖
Ⅲ M7.0 〜 7.5 程度
Ⅱ M7.9 程度

福島県沖から茨城県沖
M7.0 〜 7.5 程度

青森県東方沖から房総沖の海溝寄り
Ⅲ M8.6 〜 9 程度

東北地方太平洋沖地震（東日本大震災）型
（複数が同時に動くケース）
Ⅰ M9程度

内陸型地震の活断層のランク分けと海溝型地震のランク分けはどうして違うの？

内陸型地震の活断層のランクは発生確率の高い順から「S、A、Z、X」で分類されていますが、海溝型地震は活断層による内陸型地震にくらべて発生間隔が短くなることが多いので異なる表記の分類を採用しています。

＊活断層のランクは、Sランク（高い）が30年以内の地震発生確率が3％以上、Aランク（やや高い）が30年以内の地震発生確率が0.1％〜3％未満　Zランクが30年以内の地震発生確率が0.1％未満、Xランクは地震発生確率が不明（過去の地震データが少ないため、確率の評価が困難）。

ランク分けにないところでも地震は起きるの？

2018年に起きた北海道胆振東部地震や大阪北部地震は内陸型地震でしたがランク分けの対象にはなっていない隠れた断層で発生しました。また、2016年に起きた熊本地震も30年以内の発生確率が「Zランク（1％未満）」とされていた活断層の一部が動いて起きたものです。地震などの自然災害は不確定な要因が多く、予測できないものがたくさんあるのです。

出典：地震調査委員会の資料をもとに作成（カラーの網かけ部分は想定される震源域）
地震調査委員会のURL https://www.jishin.go.jp/evaluation/evaluation_summary/#kaiko_rank

海の下はどうやって調べるの？ Next

巨大地震の解明に向けて！

いま、JAMSTEC などさまざまな機関が巨大地震解明に取り組んでいる！

地震探査

●「かいれい」「かいめい」が「地震探査」を行っている！

海の下はどうなっているのか？人工地震を使って、直接見ることのできない地面の下の堆積層や地殻の構造を調べる方法を「地震探査」といいます。海での地震探査では、船のエアガンから音波を発振し地下を通って戻ってくる信号を捉えて解析を行います。船で引いて航行するストリーマーケーブル（受信機を並べたケーブル）で信号を捉え、地下の浅い場所に

ある反射面を詳しく知る方法（反射法地震探査）と、海底面に海底地震計を設置してより深い地下の構造を知る方法（屈折法地震探査）があります。JAMSTEC ではおもに「かいれい」と「かいめい」を使って地震探査を行い、深さ30〜40キロメートルより浅い地下の詳しい構造を調べています。

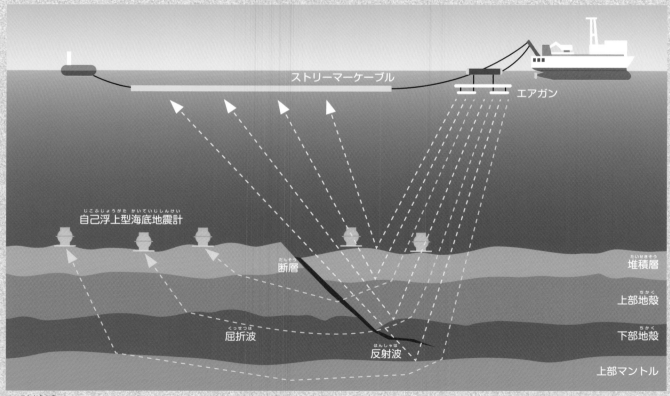

自己浮上型海底地震計

ストリーマーケーブル

エアガン

断層

屈折波

反射波

堆積層

上部地殻

下部地殻

上部マントル

▲地震探査のイメージ

◀「かいれい」で設置される海底地震計。黄色の容器の中に地震計が入っています。赤い鉄の棒部分はおもりで、回収時にはこれを切り離して浮上してきます（15ページのコラム「海底地震計50年の歴史」を参照）。

◀「かいれい」船上のストリーマーケーブル。リールに巻かれているケーブルを伸ばして船尾から引いて航行します。ケーブルの長さは約6キロメートルあります。

●反射法地震探査で、震源域海底下の構造がわかった!

2011年東北地方太平洋沖地震の震源域で反射法地震探査を行った結果、これまで知られていなかった海底下の構造が明らかになりました。

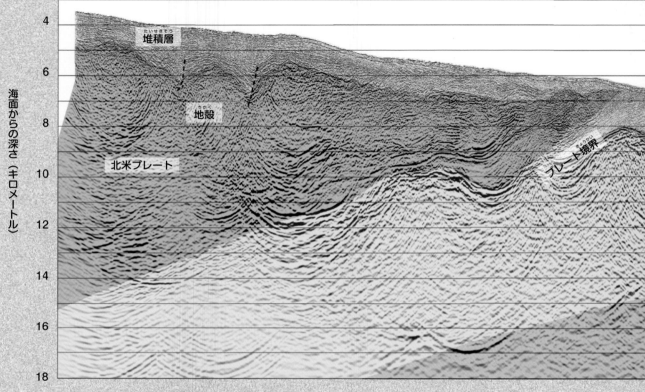

▲2011年東北地方太平洋沖地震の震源域での反射法地震探査で明らかになった海底下の構造

出典：Y. Nakamura, S. Kodaira, B. J. Cook, T. Jappson, T. Kasaya, Y. Yamamoto, Y. Hashimoto, M. Yamaguchi, K. Obana, G. Fujie. Seismic imaging and velocity structure around the JFAST drill site in the Japan Trench: low Vp. high Vp/Vs in the transparent frontal prism. Earth, Planets and Space, doi:10.1186/1880-5981-66-121, 2014. を加工して作成。

★ところで、海底の地形はどうやって調べるのだろう？

船から海底へ向けて音波を発振し、海底で反射して戻ってくるまでの時間を測ることで海底の凹凸を知ることができます。音波は海水中を1秒間に1500メートル進みます。船から出た音波は海底との間を往復して返ってくるので、音波が2秒後に船に戻ってきたら、その深さは1500メートルとなります。実際の調査では、扇状に音波を発振し一度に広範囲の地形を測る方法が取られています。

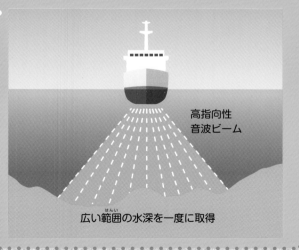

高指向性
音波ビーム

広い範囲の水深を一度に取得

*JFAST 掘削地点と書かれている場所では2011年東北地方太平洋沖地震の後に「ちきゅう」による掘削が行われました。掘削の成果は 27 ページで紹介しています。

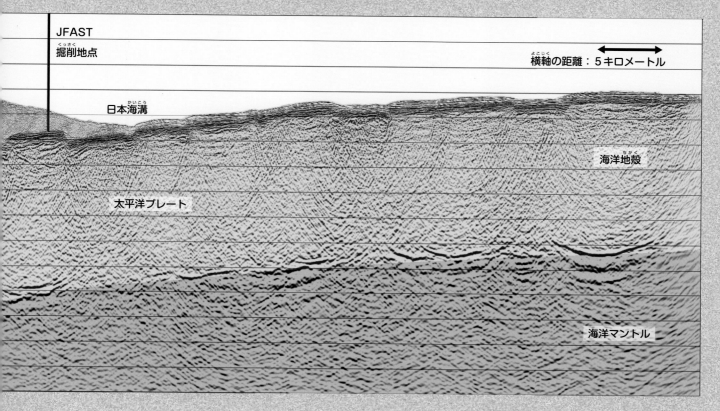

JFAST
掘削地点

横軸の距離：5 キロメートル

日本海溝

海洋地殻

太平洋プレート

海洋マントル

★海底磁気の縞模様!

地球には磁場があり、S 極と N 極は数十万年間隔で反転をくり返しています。「海嶺（海底山脈）」では、地下深部からマントルが上昇して発生したマグマが冷えて固まることで新しい海洋地殻が生成されています。マグマが冷える際にはマグマの中に含まれる磁性鉱物がその時の磁場の方向を向いたまま固まるため、海嶺から両側に広がっていく海洋地殻（海洋底）には磁場の反転の歴史が縞模様のように記録されているのです。この海底磁気の縞模様は、1960 年頃に発展した地磁気の測定によって発見されました。

★縞模様がプレートテクトニクスの証拠になった？

海底磁気の縞模様の大発見は、プレートテクトニクスという考え方につながっていきます。ウェゲナーの「大陸移動説」は、決定的な証拠が見つからず仮説にすぎないとされていましたが、のちの地磁気や地震、海底地形などの観測や理論の発展によってその正しさが認識されるようになったのです。

*6・7ページの「マントル対流がプレートを動かす!」を参照

地震観測

●地球の内部の構造はどうやって調べるの?

「地震探査」では地球の地下30〜40キロメートルまでの浅い場所の構造を知ることができますが、人工地震のエネルギーには限りがあり、地球の深い場所まで届きません。地球深部の構造を知るには、より強いエネルギーを持つ自然発生の地震を利用します。震源から出た地震波は地球の内部を伝わり観測点まで届きます。その波には通過してくる間の岩石の種類や温度の情報が含まれています。地球のいろいろな場所に地震計を設置し、数多くの地震波を捉えることにより地球内部を三次元的に細かく知ることができます。

*この手法は「地震波トモグラフィ」といって、病院で使われるCTスキャンと同じ原理です。

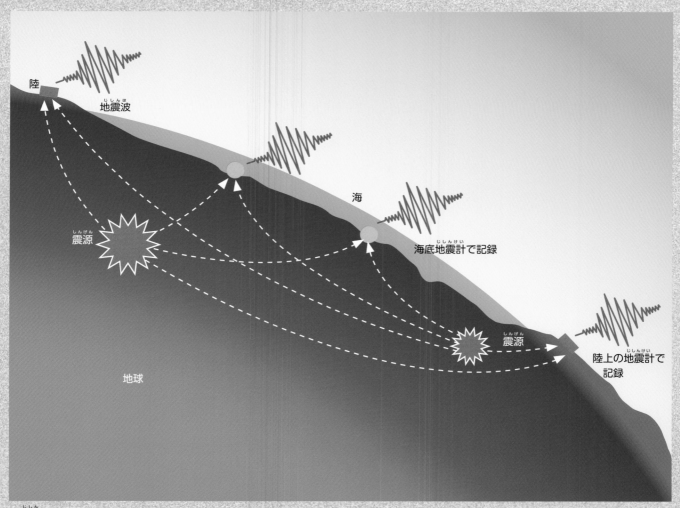

▲地震観測のイメージ

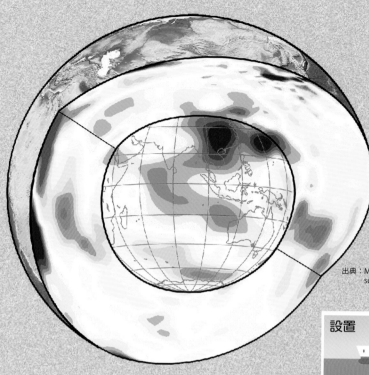

地震波トモグラフィによるマントル構造
・赤は地震波の速度が遅いところで高温、青は地震波の速度が速いところで低温と考えられています。

＊地震波トモグラフィは、地球の内部を CT スキャンするように 3 次元画像化する手法です。

出典：M. Obayashi, H. Sugioka, J. Yoshimitsu, Y. Fukao. High temperature anomalies oceanward of subducting slabs at the 410-km discontinuity. Earth Planet. Sci. Lett., 2006, 243, p.149-158

★海底地震計50年の歴史
日本で海底地震計の開発がはじまったのは1960年代後半です。最初は地震計をロープでつるして海底まで降ろし、それを引き上げて回収していましたが、水深が深くなるほど長いロープが必要になり設置にも回収にも時間がかかります。そこで、地震計におもりをつけ、船から自由落下で海底に設置するタイマー式の海底地震計が開発されました。しかしこれも地震計の浮上予定時刻に海が荒れて船が出せないと回収できません。そこで1980年代後半からは回収時に船から指令を送るとおもりを切り離して地震計本体のみが浮上するという仕組みが採用されています。この方法を「自由落下、自己浮上方式」と呼びます。これにより確実にデータを回収することができる海底地震観測が本格化しました。

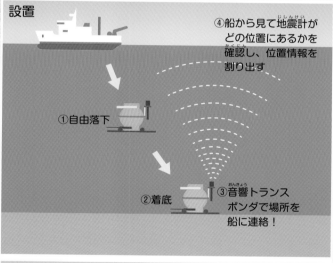

設置

④船から見て地震計がどの位置にあるかを確認し、位置情報を割り出す

①自由落下

②着底　③音響トランスポンダで場所を船に連絡！

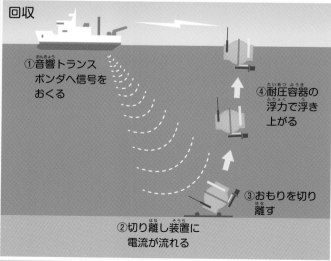

回収

①音響トランスポンダへ信号をおくる

④耐圧容器の浮力で浮き上がる

③おもりを切り離す

②切り離し装置に電流が流れる

海底地震計の設置から回収までのイメージ▶

ケーブルを使ったリアルタイム海底観測とは？

リアルタイム海底観測ネットワーク

●日本近海には海底ケーブルが網の目のように張り巡らされている！

日本海溝から南海トラフにかけてのプレートの動きを常時観測し、巨大地震の発生に備えるため「海底地震津波観測ネットワーク」が張り巡らされています。日本海溝域には「S-net（エスネット：日本海溝海底地震津波観測網）」、南海トラフ域には「DONET（ドゥーネット：地震・津波観測監視システム）」と呼ばれるネットワークが展開され、防災科学技術研究所が観測を行っています。

●「DONET」と「S-net」の海底ケーブルの総延長は約6320キロメートル！

「DONET」と「S-net」はどちらも光ファイバーケーブルを介して電力の供給とデータの伝送を行っています。「DONET」のケーブルの総延長は820キロメートル、「S-net」は約5500キロメートルにもおよび、類を見ないスケールのネットワークを構築しています。

●迫りくる「南海トラフ地震」に備えて「DONET」が展開されている！

南海トラフ沿いでは、日本列島が乗っている陸側のユーラシアプレート（岩盤）にフィリピン海プレートが沈み込み、蓄積したひずみが解放される大地震が100〜200年間隔で発生しています。DONETは南海トラフで発生する巨大地震に備えて設置された計51か所（2019年11月時点）の観測点から構成される海底ケーブル・ネットワークです。「DONET1」（320キロメートル）と「DONET2」（500キロメートル）が紀伊半島沖から四国沖東部にかけて展開しており、各観測点は大小

DONET

海陽町まぜのおか陸上局

室戸ジオパーク陸上局

水圧センサシステ

地動センサシステム

拡張用分岐装置（ノード）

の地震動や津波まであらゆる種類の信号を
キャッチできる高精度の地震計と水圧計（津
波計）などで構成されています。

また、同じ海域には3点の長期孔内観測点

（「ちきゅう」で掘った孔に地震計やひずみ計、
傾斜計を設置）があり、地殻変動のような
ゆっくりした動きを監視しています。

*「DONET」は「地震・津波観測監視システム :Dense Oceanfloor Network system for Earthquakes and Tsunamis」
の英語を略したものです。2006年から JAMSTEC により研究開発が進められ、2011年以降本格的な運用が開始されま
したが、DONET2 の完成をもって2016年4月に防災科学技術研究所に移管されました。DONET で観測されたデータは
リアルタイムで気象庁などの各研究機関や地方自治体に送られています。

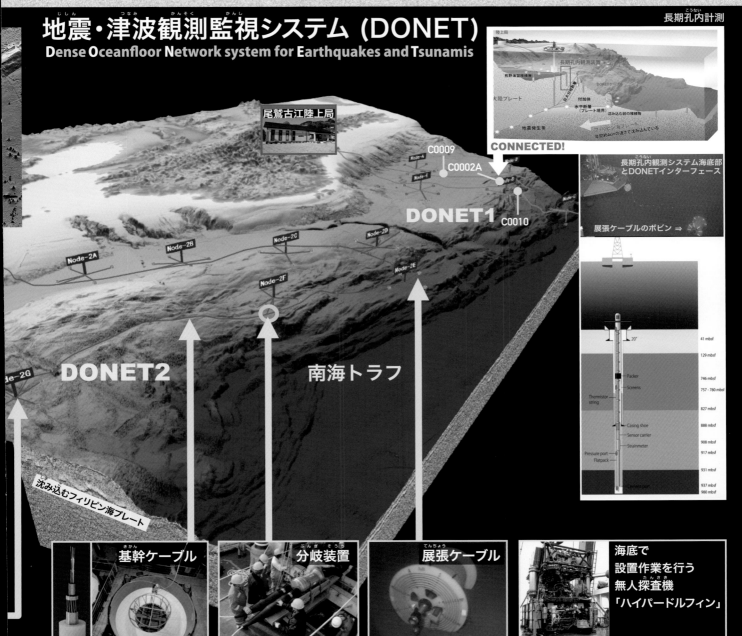

地震・津波観測監視システム (DONET)
Dense Oceanfloor Network system for Earthquakes and Tsunamis

長期孔内計測

尾鷲古江陸上局

C0009
C0002A
DONET1
C0010

Node-A
Node-4

CONNECTED!

長期孔内観測システム海底部
とDONETインターフェース

展張ケーブルのボビン ⇒

Node-2A
Node-2B
Node-2C
Node-2D
Node-2E
Node-2F

DONET2

南海トラフ

Node-2G

沈み込むフィリピン海プレート

20°   41 mbsf
129 mbsf
Packer   746 mbsf
Screens   757 - 780 mbsf
Thermistor string   827 mbsf
Casing shoe   888 mbsf
Sensor carrier   908 mbsf
Strainmeter   917 mbsf
Pressure port   931 mbsf
Flatpack   937 mbsf
980 mbsf

基幹ケーブル   分岐装置   展張ケーブル   海底で
設置作業を行う
無人探査機
「ハイパードルフィン」

●S-netは、北海道沖から房総半島沖までの太平洋海底に地震計や水圧計などの観測点が150も設置されている！

S-netは世界に類を見ない大規模かつ高密度な海底観測網です。北海道から千葉県の房総半島沖までの太平洋海底に地震計や水圧計（津波計）から構成される観測点が150か所設置さ

れています。各観測点のデータは海底ケーブルを介してリアルタイムで陸上局に伝送され、そこから防災科学技術研究所に送信されます。

＊「S-net」は「日本海溝海底地震津波観測網：Seafloor observation network for earthquakes and tsunamis along the Japan Trench」の英語を略したものです。

東北地方太平洋沖地震の教訓からS-netの整備がはじまった！

2011年に発生した東北地方太平洋沖地震では、陸地と沿岸に設置された地震観測網のデータを正確な津波警報に活かすことができませんでした。海溝型地震が発生する沖合の海域にリアルタイムの観測網を整備し、将来の津波被害を減らすため2013年からS-netの整備が進められました。

S-netとDONETで得られた波形例▶
波形1つのトレース（軌跡）が1つの地震計で取られた地震の記録です。横軸は時間、縦軸は震源からの距離を示します。陸に比べて困難が多い海底観測で地震の波形が一度にこれほどたくさん取れるのは画期的なことです。

S-netは加速度計のデータ、DONETは広帯域地震計のデータを加速度に変換しプロット（点で示す）した。どちらも上下動成分のデータを使用。

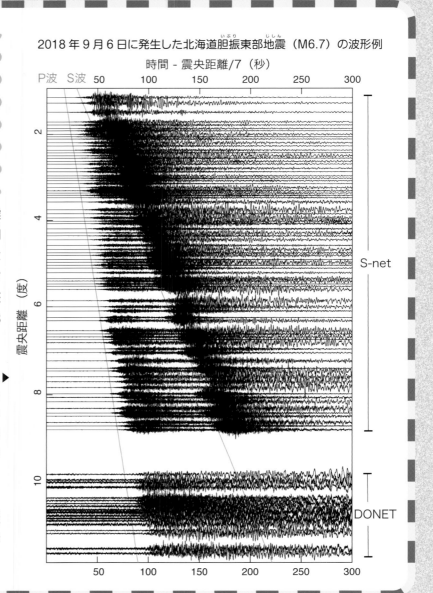

2018年9月6日に発生した北海道胆振東部地震（M6.7）の波形例

時間 - 震央距離/7（秒）

★海溝型地震（プレート境界型地震）の多くが津波を発生させるのはなぜ？

マグニチュード7〜7.5クラス以上のプレート境界型地震が発生すると大きな津波が起こる可能性があります。地震が起きると海底が上がったり下がったりします。それにより海水が上下に動いて津波となるのです。津波の規模は地震による断層のズレや面積に比例して大きくなります。とくに湾岸に近づいて水深が浅くなると、波の高さが増して陸地をかけあがり大きな被害をおよぼすことがあります。

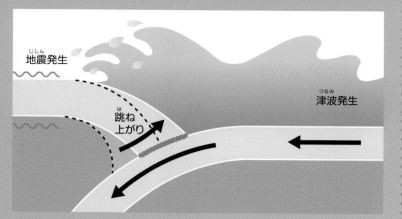

地震発生

津波発生

跳ね上がり

▲プレート境界でのひずみを解消しようとすることで地震や津波が発生

★岩手県沖ケーブル式海底観測システムが津波を捉えた！

津波は海底に設置した水圧計で測ることができます。津波が水圧計の上を通過すると、水圧計にかかる水の重さが増えるのでその場の圧力値も増えます。この圧力変化を津波として観測しています。2011年の東北地方太平洋沖地震では、地震が発生した約30分後に東北地方の沿岸を巨大な津波が襲いました。津波が到達する前、沿岸域に設置された GNSS(GPS) 波浪計（国土交通省）と、学術研究のため岩手県沖に設置されていたケーブル式海底地震津波観測システム（東京大学地震研究所）の水圧計（津波計）がこの津波をはっきりと捉えていました。事前に検知した津波の情報を活かし、精度の高い津波警報につなげることはこれからの大きな課題です。

＊衛星測位システムにはアメリカのGPSのほかに、ロシアのGLONASS、ヨーロッパのGalileo などがあり、それらを統合する「GNSS」が使われるようになりました。

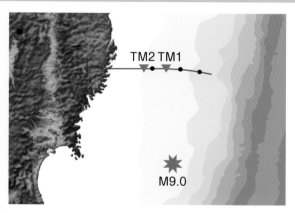

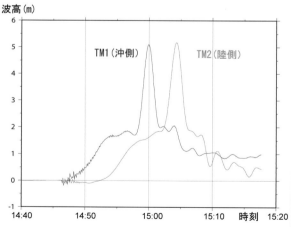

★「内陸型地震」にそなえた観測網も充実！

防災科学技術研究所では、海溝型地震だけでなく、内陸型地震にそなえた観測網も整備。「Hi-net（高感度地震観測網）」や「K-NET&KiK-net（強震観測網）」、「F-net（広帯域地震観測網）」などを展開してきめ細やかな観測を行っています。

▲東北地方太平洋沖地震の津波。TM1、TM2 は東京大学地震研究所によるケーブル式水圧計（津波計）観測点。黒い丸は同ケーブルの地震観測点。　出典：東京大学地震研究所

いま、懸念されている
「東海地震」「東南海地震」「南海地震」とは？

日本列島周辺の沈み込み場所のうち、いまもっとも注目されているのが「南海トラフ」です。

＊水深6000メートル以上の深さを「海溝」、それより浅いものは「トラフ（海盆）」と呼ばれます。

●南海トラフには3つの震源域がある！

南海トラフの北側には「東海」、「東南海」、「南海」の3つの震源域があり、巨大地震発生の可能性が指摘されています。過去、3つの震源域で同時に発生した地震もあれば、個別に発生した地震もあり、次の巨大地震がどうなるのかわかりません。東北地方太平洋沖地震では幅100キロメートル、長さ450キロメートルのプレート境界がずれ動いたとされます。南海トラフで3つの震源域が連動した場合、東西の長さは700キロメートルにもおよび、甚大な被害が予想されます。

＊この地域で3つの震源域が連動すると最大マグニチュードが9程度、最大震度7の激震が予想されています。

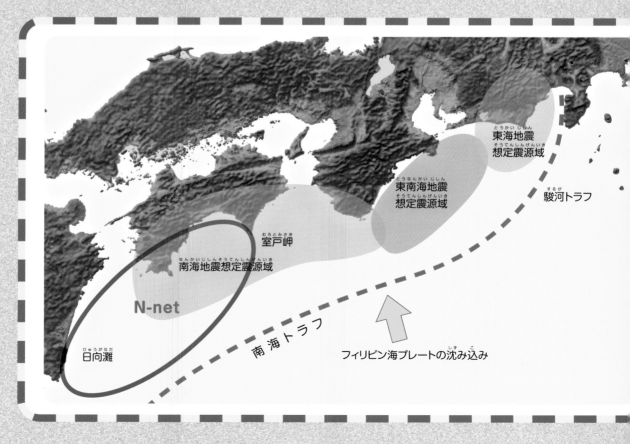

東海地震
想定震源域

駿河トラフ

東南海地震
想定震源域

室戸岬

南海地震想定震源域

N-net

日向灘

南海トラフ

フィリピン海プレートの沈み込み

★ブイを利用した津波観測もあるよ!

南海トラフや日本海溝沿いの沿岸域には、国土交通省が「GNSS（GPS）波浪計」を設置しています。

これは海上に浮かべたブイにGNSS（GPS）受信機を設置して、ブイの上下変動を高精度で計測することで津波を検知するものです。

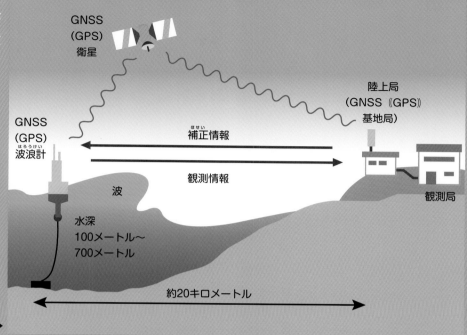

GNSS（GPS）衛星

陸上局（GNSS《GPS》基地局）

GNSS（GPS）波浪計

補正情報

観測情報

波

観測局

水深
100メートル〜
700メートル

約20キロメートル

GNSS（GPS）波浪計システムのイメージ▶

さらに新たに日向灘を網羅する「N-net（エヌネット：南海トラフ海底地震津波観測網）」が展開される!

南海トラフ沿いの日向灘でも巨大地震発生の可能性が指摘されています。「DONET」の空白域を埋めるために、現在、防災科学技術研究所によって南海トラフ海底地震津波観測網「N-net」が日向灘に配備される計画が進行中。高知県の室戸岬沖から日向灘にかけて約900キロメートルのケーブル2本を張り巡らし、計40の地点に地震計や水圧計（津波計）が設置される予定です。

★世界の津波観測は?

世界的には、アメリカ海洋大気庁（NOAA）が主導して太平洋地域における津波観測を行い、津波警報を発信しています。

太平洋津波警報システムでは、海底水圧計から音波で海上のブイまでデータを送り、ブイから衛星経由でデータを陸上に送っています。

海底地殻変動観測

●海底の動きは「地殻変動海底局」を置いて測る!

陸から遠い海底にあるプレートの動きは、海底に地殻変動海底局を設置して、時間をおいて海底局の位置をくり返し測ることで知ることができます。陸での地面の動きを知るためには衛星測位システム（GNSS）を使いますが、その信号（電磁波）は水中を通ることができません。そのため、海底局と衛星との間に測量船をおき、測量船の位置をGNSSで決定します。測量船と海底局との位置関係は水中を通ることができる音波を使って知ることができます。このように2段階の位置決定を行うことで海底にあるプレートの動きを知ることができます。

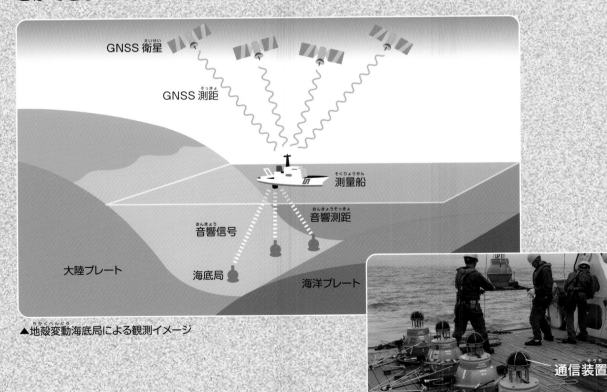

GNSS衛星

GNSS測距

測量船

音響測距

音響信号

海底局

大陸プレート

海洋プレート

▲地殻変動海底局による観測イメージ

通信装置

回路、電池

おもり

海底局を設置する船上作業のようす（東北大学提供）▶

●各研究機関が「地殻変動海底局」を使った観測を実施中！

海洋プレートは年に数センチのスピードで動いています。海洋プレートが大陸プレートの下に沈み込む時、引きずられるようにして大陸プレートも動いています。この海底にあるプレートの動きを測るために海上保安庁や東北大学、名古屋大学などが「地殻変動海底局」を使った観測を行っています。

★海底の上下方向の動きは水圧計でもわかる？

地殻変動海底局を使った観測はおもに水平方向の海底の動きを調べるのに適していますが、上下方向の動きを知るためには、海底水圧計を使った観測が有効です。海底水圧計は、圧力センサーにかかる水の重さの変化を圧力変化として観測します。それにより海底面の上下の動きを捉えることができるのです。プレート境界でスロースリップ（断層面がゆっくりずれ動く現象）が発生すると周辺の海底面が上がったり下がったりすることがあります。図のように、ある地点での圧力が下がったとしたら、これはスロースリップによって海底面が上がり、海面と海底水圧計の間にある海水の量が少なくなったからだと考えられます。

＊スロースリップとは、一般的な地震にくらべてプレート境界面がゆっくりとずれ動く現象で、通常は強い揺れを起こすことはありません。しかし近年、スロースリップがプレート境界での巨大地震の前触れかどうかが注目されています。スロースリップのようなゆっくりとした滑り現象を詳しく知るには地殻変動観測が必要です。

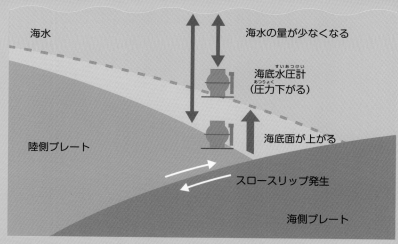

海水 / 海水の量が少なくなる / 海底水圧計（圧力下がる） / 海底面が上がる / 陸側プレート / スロースリップ発生 / 海側プレート

◀水圧計による地殻変動観測のイメージ

★「海底間測距」ってなに？

断層や海溝などの海底の動きをより詳しく観測する「海底間測距」という方法もあります。断層や海溝などを間にはさんで2つの装置を設置。装置の間で音波をやりとりし、互いの距離を精密に測定します。たとえば図のように海溝をはさんで装置を設置した場合、スロースリップなどによってプレートが動くと装置間の距離が変わります。こうした観測をすることでスロースリップの進行を継続的に詳しく追跡できるのです。

海底間測距のイメージ▶

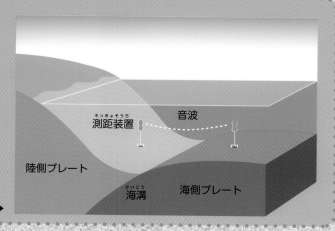

測距装置 / 音波 / 陸側プレート / 海溝 / 海側プレート

出典：Y. Osada, M. Kido, H. Fujimoto, Y. Kaneda. Development of a seafloor acoustic ranging system toward the seafloor cable network system. Ocean Eng., 2008, doi:10.1016/j.oceaneng.2008.07.007 を参考に作成

JAMSTEC の探査船や潜水調査船のこと教えて！ `Next`

地球深部探査船「ちきゅう」の活躍!

JAMSTECの探査船「ちきゅう」が巨大地震の謎に挑む!

地球深部探査船「ちきゅう」は、海溝型地震の発生メカニズムの解明や、生物の起源や地球の歴史を探ることを目的として開発された、総トン数5万6752トンの巨大な科学掘削船です。海底に穴を掘って地質柱状試料を採取したり、掘った孔に地下のゆっくりとした動きを監視するための長期孔内観測機器（地震計やひずみ計、傾斜計など）を設置したりします。

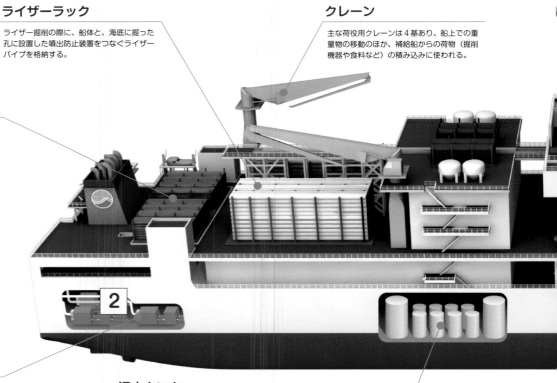

ライザーラック
ライザー掘削の際に、船体と、海底に掘った孔に設置した噴出防止装置をつなぐライザーパイプを格納する。

クレーン
主な荷役用クレーンは4基あり、船上での重量物の移動のほか、補給船からの荷物（掘削機器や食料など）の積み込みに使われる。

パイプラック
掘削に使うドリルパイプや、掘った孔を保護するケーシングパイプを収納する。
船の前部、中央部、後部の3か所に設置されている。

機関室
船上のすべての動力は電気でまかなわれており、メイン6基、サブ2基の発電機が搭載されている。合計8基の発電量は、人口3,500人の町を維持できるほどの発電能力がある。

泥水タンク
海底下を深く掘るため、ライザー掘削を行うときに用いる「泥水」を保管するタンク。
泥水はポンプによって汲み上げ、ドリルパイプを通って海底下の孔の中へ送られる。
掘進に伴い生じる岩石の破片（カッティングス）をライザーパイプを通して船上にもどすことも泥水の重要な役割である。

エリアごとの仕事

1 掘削フロア（ドリルフロア）
船上代表となる掘削の最高指揮官（OSI※1）の下、現場責任者（OIM※2）、現場監督（ツールプッシャー）、掘削機器を操作する人（ドリラー）、掘削作業を行う人（掘削クルー）によって、掘削作業を行う。
※1: Operation Super Intendent　※2: Offshore Installation Manager

2 機関室
機関長を中心に、機関士によって、船内で必要なすべての電力を生み出す機器や装置、システムの運転・管理を行う。

ヒーブコンペンセータ

波などによる船の上下の揺れを吸収し、ドリルパイプに伝わらないようにする装置。この装置のおかげで荒天時も安定して掘削を行うことができる。

トップドライブ

ドリルパイプの上端に接続された大きな電動モーター。海底下を掘るために、ドリルパイプとドリルビットを回転させる。

デリック

ドリルフロアから高さ約70 mの巨大なやぐら。吊り下げ能力は最大1,250トン。

掘削フロア（ドリルフロア）

さまざまな掘削作業を行うメインステージ。掘削機器の操作を行うドリラーズハウスもここにある。フロア下には「ムーンプール」という空間があり、そこからドリルパイプやライザーパイプなどを海中に降ろす。

「ちきゅう」主要目

[全長]	210 m	[掘削方式]	
[幅]	38.0 m		ライザー掘削
[深さ]	16.2 m		ライザーレス掘削
[喫水]	9.2 m		
[船底からの高さ]	130 m	[最大掘削能力]	
[総トン数（容積）]	56,752 トン		ライザー掘削の場合
[航海速力]	12 ノット		水深：2,500 m
※1 ノット = 1,852 m / 時間			海底下：7,000 m
[航続距離]	14,800 海里		
[定員]	200 名	[デリック]	
			高さ 70.1 m
[推進システム]			幅 18.3 m
ディーゼル電機推進			長さ 21.9 m
[発電機容量]			
35,000 キロワット			

ヘリコプターデッキ

掘削作業は長期に及ぶため、掘削作業中の乗船者の交代は、数週間から1か月に1度、ヘリコプターで行う。採取した地質試料を陸の研究施設に運ぶときに利用することもある。

ブリッジ

操船全般を行う操舵室。各計器に表示される情報から船の状況を把握して操船する。掘削作業中は定点保持を続け、ドリルフロアと密に連絡を取り船の位置を調整する。

居住区画

1人もしくは2人部屋で、各部屋にシャワーとトイレが付いている。医療施設、会議室、食堂、娯楽室なども完備。長い航海においても快適な生活が送れる環境が整っている。

研究区画

海底下から採取した地質試料をすぐに処理し、分析を行う4階建ての施設。

アジマススラスタ

船の方向を360度変えることができるスクリュー。外径最大4.6 m。全6基が自動船位保持システムと連動して、海流や風などの外力に対向し、船を海上の定点に留めることができる。航行の際は舵の役割も果たす。

3 ブリッジ

船長をはじめ、航海士、操舵手によって、操船全般を担っている。

4 研究区画

乗船する首席研究者や研究者、分析機器の管理や地質試料の処理と分析を行う技術者（ラボオフィサー、ラボテクニシャン）、これらの人々や設備全体を統括し支援する研究支援統括（EPM※3）によって作業が進められる。　　※3: Expedition Project Manager

5 居住区画

食事の準備や洗濯、居室の清掃を行う司厨員、船上でのケガや病気への対処や乗船者の健康管理を行う看護師がいる。船上での生活を快適にするために乗船者を支援する。

南海トラフ域で
世界最深3262.5メートル地点まで到達!

巨大地震の発生メカニズムを解明するため、探査船「ちきゅう」による南海トラフ地震発生帯掘削が2007年から2019年にかけて行われました。この掘削により、具体的に過去にどのようなプレート境界滑りが起きていたのかが明らかになりました。2019年の最後の掘削では、海域での世界最深3262.5メートル地点まで到達し、プレート境界断層のある深さ5200メートルにはおよびませんでしたが貴重なサンプルを取得することができました。

また、JAMSTECと国内外の研究機関が協力することで次のような成果が得られました。

●スロースリップ（ゆっくりした滑り）がひずみを解放する!

長期孔内観測点（C0010地点とC0002G地点）のデータを解析したところ、南海トラフ巨大地震発生想定域のトラフ付近でスロースリップがくり返し発生していることがわかりました。スロースリップがプレートの沈み込みで蓄積されるひずみの一部を解放していると考えられます。

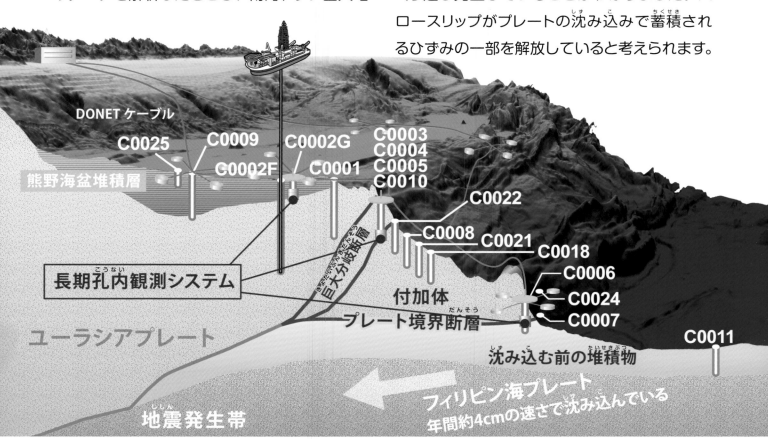

●南海トラフ域の掘削で過去に大地震を起こした痕跡を発見!

プレート境界での大地震は深さ20〜40キロメートルにあるプレートの岩盤どうしが強くくっついた部分（固着域）が一気にはがれることで発生します。これまで、海溝やトラフ付近の浅いプレート境界はプレートの岩盤どうしが強くくっついていないため、高速で動く（滑る）ことがない、つまり、大地震にならない場所と考えられていました。ところが「ちきゅう」による南海トラフ域の掘削でトラフ付近（C0007地点）のプレート境界の地層を採取し分析したところ、大地震の跡が見つかりました。過去に南海トラフ付近の浅いプレート境界でも大地震が起きていたことがわかったのです。これは、これまでの常識をくつがえすような大発見でした。この発見の直後、2011年の東北地方太平洋沖地震では実際に日本海溝付近で浅いプレート境界も大きく動いて大地震となりました。

●東北地方太平洋沖地震の震源域の掘削でわかったこと!

2011年東北地方太平洋沖地震の震源域で掘削プロジェクト（JFAST）が行われ、海溝付近の浅いプレート境界の岩石を採取することに成功しました（掘削場所は 12・13 ページの図の「JFAST 掘削地点」）。浅いプレート境界の岩盤どうしは強くくっついていないので、滑りがゆっくり起きていると考えられていました。しかし、採取した岩石を使った実験から、ゆっくりとした滑りだけではなく、浅い所でも高速での滑りが再現されました。深いプレート境界の固着域で巨大地震が発生して、その破壊が浅いプレート境界まで伝わってきた時には大きな滑りとなり、より大きな地震となることが証明されたのです。

C0012

● 襟裳岬西方沖（2017年）
● 下北八戸沖石炭層生命圏掘削（2012年）
● 東北地方太平洋沖地震調査掘削（2012年）
● 南海トラフ地震発生帯掘削計画（2007年）
● 沖縄トラフ熱水性堆積物掘削（2014・2016年）
● 沖縄熱水海底下生命圏掘削（2010年）
▲科学掘削地点

◀赤で示した縦棒が「ちきゅう」が掘削した孔の場所で、C0002Fというのが2019年の最後に掘削した個所です。
海底下5200m付近のプレート境界断層を狙っていましたが到達しませんでした。

地球深部を掘削して地殻の活動を探る！

「ちきゅう」は世界ではじめて
「ライザー掘削」技術を導入した科学掘削船！

●「泥水」を利用して掘削するライザー掘削システム

「ちきゅう」には巨大なやぐら（デリック）をはじめ、地下の流体やガスの噴出を防ぐ噴出防止装置（BOP）、そして船体とBOPを結ぶ太いライザー管などの「ライザー掘削システム」が搭載されています。直径50センチ以上もの太いライザーパイプの中に径の小さいドリルパイプを通して、船上から特殊な「泥水」を流し循環しながら掘削する機構です。この掘削によって地層の一部をサンプリングし、海底下の地層の特徴や状態を分析・解析することができるのです。「泥水」はカッティングス（ドリルビットでの掘削にともなって生じる岩石の破片）とともにライザーパイプを通して船上へ上げて循環させます。

●「泥水（でいすい）」はただの泥水（どろみず）ではない！

「泥水」は、鉱石の粉末など、さまざまな素材を調合した特殊な溶液で、地層の圧力や地質の変化に応じて比重を変えることができます。地層は深くなるほど圧力が高くなりますが、その圧力を抑えると同時に掘り進めた孔の壁を保護したり、孔内の機器を冷却するために「泥水」を循環させるのです。

＊流れた「泥水」は、ライザーパイプとドリルパイプの二重構造によって再び回収することが可能です。回収された「泥水」は成分を調整し直して再度掘削作業にリサイクル利用されます。

> **★ライザー掘削というネーミングの由来は？**
> 「ライザー」は英語の「ライズ（rise: 昇る、上がる）」から来ています。ドリルパイプを通して送られる泥水が外側のライザーパイプとの間を上がってくることからそう名づけられました。

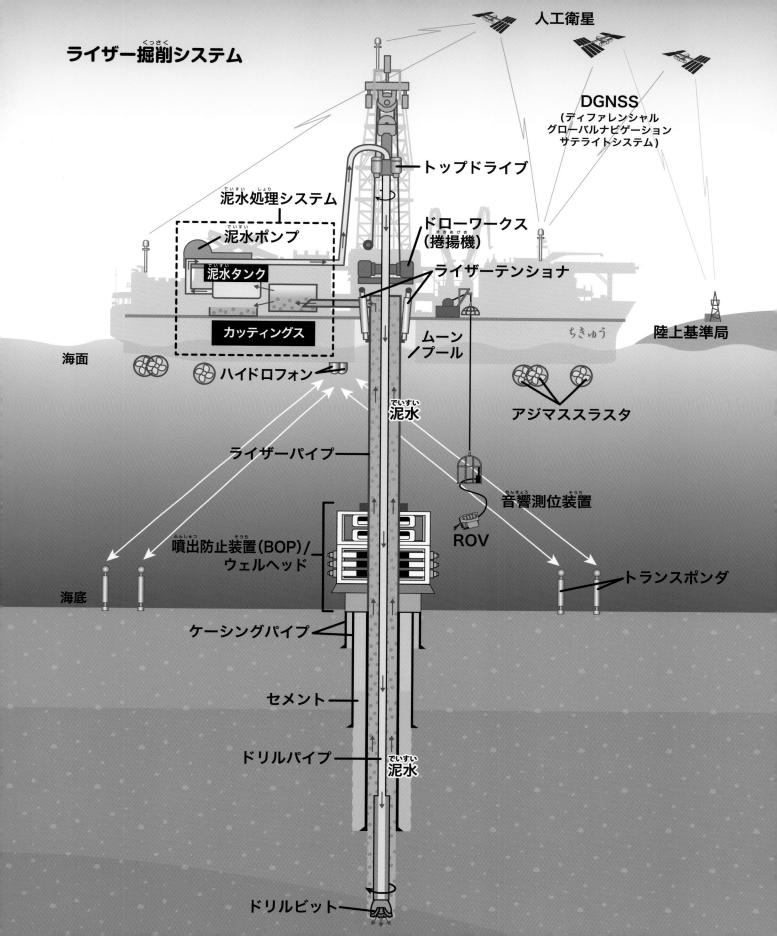

ライザー掘削システム

人工衛星

DGNSS
（ディファレンシャル
グローバルナビゲーション
サテライトシステム）

トップドライブ

泥水処理システム

泥水ポンプ

ドローワークス
（捲揚機）

泥水タンク

ライザーテンショナ

カッティングス

ムーン
プール

ちきゅう

陸上基準局

海面

ハイドロフォン

アジマススラスタ

泥水

ライザーパイプ

音響測位装置

ROV

噴出防止装置（BOP）/
ウェルヘッド

トランスポンダ

海底

ケーシングパイプ

セメント

ドリルパイプ

泥水

ドリルビット

「ちきゅう」の掘削をサポートする！

「ちきゅう」の掘削を支えるさまざまな装置や装備

●海底下を掘るための作業現場、「掘削フロア」

巨大な掘削やぐらを「デリック」と呼びますが、この下で掘削パイプや機器を大型重機でつなぎ、降ろしていく作業場が掘削（ドリル）フロアです。ここでは「ドリラー」と呼ばれる掘削クルーがドーム型のドリラーズハウスで機器を操作したり、掘削フロアで準備や組み立てなどさまざまな作業を行います。

掘削フロア▶

●掘削をコントロールする 操作指令室「ドリラーズハウス」

掘削フロアのそばには、掘削機器を操作する指令室「ドリラーズハウス」があります。この中でドリラーがモニターやフロアの作業を見ながらジョイステックで掘削機器を操作します。

ドリラーズハウスの内部▶

●いろいろな硬さの地層に対応可能な「ドリルビット」

海底下の地層を掘り進めるために欠かせないのが掘削用の刃「ドリルビット」。ドリルパイプの先端に取りつけられて回転しながら掘り進めます。材質はタングステンカーバイトや人工ダイヤモンドなどの超硬度素材を使用したものもあり、地層の硬度によって使い分けています。掘削と同時に地質サンプルを採取する場合はドリルビットの真ん中に穴が開いた「コアビット」を使用します。

●「ちきゅう」に搭載されている 3種類のパイプ

深海の掘削を行うためには3種類のパイプが必要になります。1つは「ちきゅう」船体と海底面をつなぐ「ライザー掘削システム」のかなめとなる「ライザーパイプ」。先端にドリルビットやコアビットを取りつけて実際に地層を掘り進める「ドリルパイプ」、掘削した孔が崩れないように保護する「ケーシングパイプ」などがあります。

★「ピストンコアラー」が海底の堆積物を探る！
地層は、古い時代から新しい時代のものまで連続して重なっており、いわば歴史が刻まれたタイムカプセルのようなものです。海底にはプランクトンの死骸などの堆積物が層をなして重なっており、地層を調べることで気候変動など地球環境の歴史を知ることができます。この海底面付近の堆積物を採取するのが「ピストンコアラー」というパイプとおもりでできた装置です。JAMSTECの海底広域研究船「かいめい」に搭載できる大型の「ピストンコアラー」は1.7〜6.8トンのおもりを使って海底に突き刺し、最長で40メートルまでの地層を採取することができます。

堆積物

★「ドレッジ」が海底の岩石を探る！
海底には堆積物だけでなく、火山活動によって地球の内部から運ばれてきた岩石があります。この岩石や活動のようすを調べるために、ケーブルとチェーンで結ばれた円筒形や箱型の容器を船舶でひきずり、海底の堆積物や岩石を採取する「ドレッジ」と呼ばれる装置があります。

◀デリックから吊り下げられたドリルパイプ。先端にはコアビットがつけられている

JAMSTECの潜水調査船、ただいま潜航中!

JAMSTECには、深海まで潜って調査するための
有人・無人を含めたさまざまな調査船があります。
これらは「自由落下、自己浮上方式」を採用していない特殊な海底地震計の
設置や回収、海底地震断層の発見などにも使用されています。

●水深6500メートルまで行ける有人潜水調査船「しんかい6500」

「しんかい6500」は、水深6500メートルまで潜ることができる世界有数の有人潜水調査船です。深海底のようすや深海生物の撮影、サンプルの採取など、さまざまな調査活動を行い数多くの実績をあげてきました。活動範囲も日本近海や太平洋だけでなく、遠くインド洋や大西洋にまでおよび、世界の深海調査研究の中核をになう存在として重要なミッションをこなしています。

●水深7000メートルまで潜航できる無人探査機「かいこう」システム

「かいこう」システムは水深7000メートルまで潜航できる世界トップクラスの無人探査機。ランチャーとビークルという2つの機体で構成され、「しんかい6500」では到達できない深海域での調査や、困難な作業を要する海洋資源調査を行います。以前の旧型「かいこう」はマリアナ海溝の水深1万911メートルで「カイオウオオソコエビ」を採取したり、インド洋で熱水活動、熱水噴出孔生物群を発見した実績があります。

●水深4500メートルまでの海域で活躍する無人探査機「ハイパードルフィン」

水深4500メートルまでの海域で潜航調査を行うことができる無人探査機「ハイパードルフィン」は、「新青丸」を母船としておもに日本周辺の海域で調査活動を行っています。2台のマニピュレータを駆使して海底の岩や泥などをサンプリングしたり、2台のハイビジョンTVカメラにより深海の生物や海底の地形などを精細な画像で撮影することができます。

JAMSTECの調査活動を支える最先端機器

JAMSTECはこんな最先端機器を導入して 調査活動を行っている!

●海面を自動航行する「自律型海洋プラットフォーム」

海で起きるさまざまな現象をより詳しく調べるため、新しい装置を使った観測が考え出されています。その1つが波の力を利用して海面を航行する「ウェーブグライダー（米国Liquid Robotics 社製）」。あらかじめ運航ルートを設定することができ、リアルタイムで陸から制御することも可能です。サーフボードのような本体にはさまざまな観測機器を取りつけることができます。観測機器を動かす電力はソーラーパネルから供給されます。さらに、海底設置機器と陸上とをつなぐ中継局として使用することも可能です。

通常、ケーブルにつながっていない海底設置機器（水圧計、ベクトル津波計など）は機器を回収するまで取得したデータを見ることはできません。ウェーブグライダーが音響通信により海底設置機器から観測データを受け取り、衛星通信によって観測データを陸上まで伝送します。JAMSTEC と神戸大学、東京大学地震研究所は協力して、このようなリアルタイムでのデータ取得システムを開発しています。

●津波を観測する「ベクトル津波計」

「ベクトル津波計」は、水圧計と電磁気計を組み合わせた海底設置機器です。水圧計は、津波の発生による水位の変化を圧力変化として観測します。電磁気計は、津波にともなう海水の流れによって誘導される電磁場の変化を検出します。2つの装置を組み合わせたベクトル津波計によって、津波の高さと伝わる方向を詳しく知ることができます。

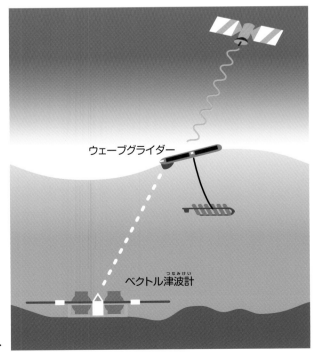

ウェーブグライダー

ベクトル津波計

海底設置機器からのデータ伝送イメージ▶

●次世代型のロボット潜水機「AUV-NEXT（自律型無人潜水機）」

「AUV」は、無人で、船とケーブルでつながっていない状態で水中を動くことができるロボット潜水機。機体に内蔵されたコンピュータにあらかじめ航行ルートを指定することができます。JAMSTEC では1990年代後半より水深3500メートルまで潜航できる AUV「うらしま」の運用をはじめていましたが、最近開発された高性能な「AUV-NEXT」は、水深4000メートルまで潜航可能で、これまでよりも長く海中での調査ができるうえ、さらに高速度なため移動もスピーディーです。海底の地形を調べる際には船で行う調査が一般的ですが、AUV を使って海底に近い場所（海底からの高度約100メートル）から地形調査

を行うことで、より高解像度の映像を得ることができます。巨大地震発生につながるようなプレートの動きが海底下で起こった場合、その影響は海底地形にもあらわれるかもしれません。海底地形調査をひんぱんにくり返し行うことで、巨大地震の前兆現象と関連した地形変化を捉えようとする試みがはじまっています。

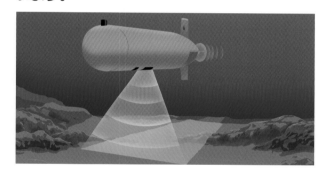

●光ファイバーケーブル観測装置

DONET や S-net などでは光ファイバーケーブルを介して電力の供給とデータの伝送を行っていますが、最近では、伝送と同時に光ファイバーケーブルそのものを観測装置として使う試みがなされています。地面の動きや水圧の変化により光ファイバーに振動や伸縮が起きた場合、光ファイバー内を通る光が影響を受けるため、その光を計測することで地震や津波の観測が可能となります。これまでのケーブル式観測システムでは数キロメートルや数十キロメートル間隔で地

震計や水圧計を設置していましたが、光ファイバーを観測装置として使うと観測点のない区間でも地面の動きや水圧の変化を計測できるため、数メートルから数十メートルという間隔で観測が行えることになります。

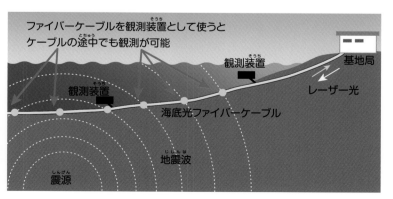

ファイバーケーブルを観測装置として使うとケーブルの途中でも観測が可能

観測装置　観測装置　基地局　レーザー光　海底光ファイバーケーブル　地震波　震源

海中や海底をくまなくネットする！

科学掘削船をはじめ、研究船、潜水調査船など、
JAMSTECの最先端研究設備が海上から海中・海底まで
つねに監視と探索の目を光らせています。

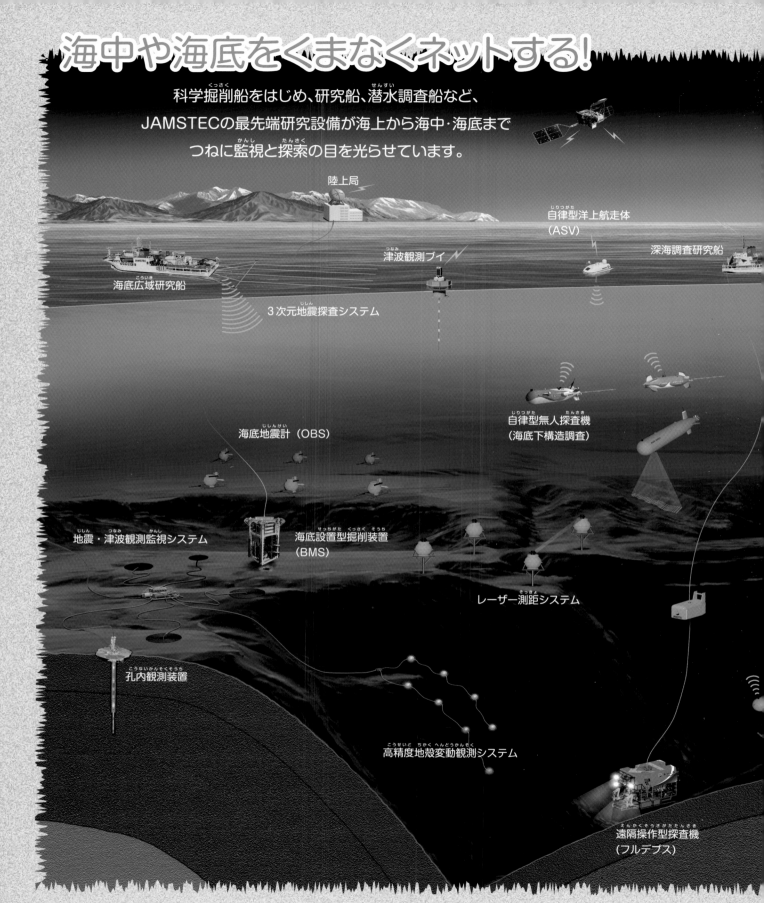

陸上局

自律型洋上航走体（ASV）

深海調査研究船

海底広域研究船

津波観測ブイ

3次元地震探査システム

海底地震計（OBS）

自律型無人探査機（海底下構造調査）

地震・津波観測監視システム

海底設置型掘削装置（BMS）

レーザー測距システム

孔内観測装置

高精度地殻変動観測システム

遠隔操作型探査機（フルデプス）

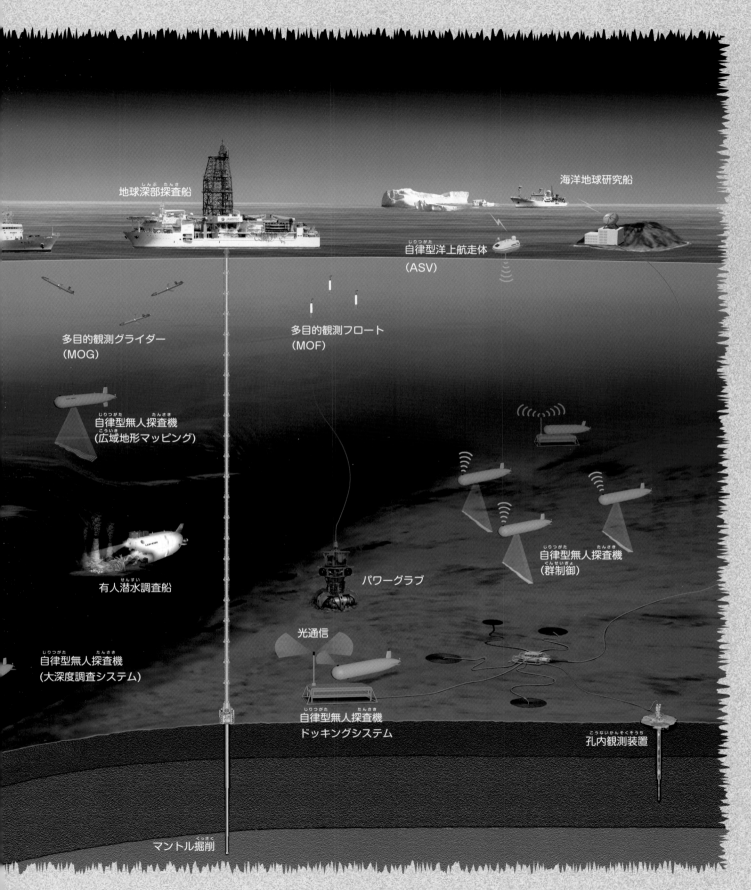

地球深部探査船

海洋地球研究船

自律型洋上航走体
（ASV）

多目的観測グライダー
（MOG）

多目的観測フロート
（MOF）

自律型無人探査機
（広域地形マッピング）

自律型無人探査機
（群制御）

有人潜水調査船

パワーグラブ

光通信

自律型無人探査機
（大深度調査システム）

自律型無人探査機
ドッキングシステム

孔内観測装置

マントル掘削

もっと知りたい、あんなこと、こんなこと!

地震のことや探査船「ちきゅう」のこと。海底のこと。みなさんがふだん何げなく"?"に思っていたり、知りたいことを「Q&A」にしてみました。JAMSTECの先生が答えます。

Q1 地球のマントルは月より遠いと言われますが行くのがそんなに難しいのですか?

A マントルは陸では地下30〜40キロメートル、海では海底下約7000メートルにあります。探査船「ちきゅう」での掘削は海底下7500メートルまで可能と考えられていますが、科学の力を結集して挑んでも現在の時点ではその半分の深度にも到達できていません。アポロ11号は月に行って石を持ち帰ってきましたが、マントルは足元にあるのにはるかに遠く謎だらけで、まだ解明されていないことがたくさんあるのです。

Q2 「ちきゅう」は7500メートルまで掘削できるのに、どうして到達できないのですか?

A 高温高圧で硬い岩石を掘り抜いてマントルまで到達するのは容易ではありません。これまで探査船「ちきゅう」が南海トラフ海域で掘削を行ったときは海底下3262.5メートル（海域での世界最深記録）まで到達しましたが、プレート境界断層の深さ5200メートルまでは届きませんでした。海底下3000メートル付近の地層（付加体と呼ばれるさまざまな種類の堆積岩からなる層）が複雑な形状でもろく、ドリルパイプが動かなくなってしまったのです。

Q3 マントルまで掘削しているときにマグマが噴き出したりしないのですか?
また、掘削は地震に影響しないのですか?

A マントルは固い岩石で液体のマグマではありません。マントルは長い年月をかけて変形しながら対流しているため、誤解されることも多いようですが、通常は固い岩石です。マントルを掘削する時は泥水で冷やしながら徐々に掘り進めるので、マントルが突然溶けてマグマとなって噴き出したりプレートに影響することはないと考えられています。

Q4 「ちきゅう」は どうしてあんなに大きいのですか?

A 「ちきゅう」は全長210メートル、幅38メートルもある大型船舶です。南海トラフの水深2500メートルからプレート境界のある7000メートルまでの掘削に必要なライザーパイプやドリルパイプなどさまざまな大型機器を搭載できるようにするにはこれだけの大きさが必要だったのです。

Q5 「しんかい6500」が水深6500メートルまで行って帰ってくるのに
どれくらい時間がかかるのですか?

A 潜水開始して6500メートルまで到達するのに2時間半ほどかかります。深海での調査は3時間。浮上するのに2時間半かかるのでトータルで8時間ほど潜水していることになります。

Q6 マントルのかんらん岩は宝石だって聞きましたが本当ですか?

A 確かに『マントルの石』ともいわれる緑色の宝石「ペリドット」はかんらん石で、稀少な石として指輪などに用いられています。かんらん石を主成分とするかんらん岩はマントルを構成している岩石で、マグマの上昇に伴って地表に運ばれることがあります。地表にあらわれた岩石に含まれる石を宝石として用いており、マントルから直接採取しているわけではありません。

Q7 南海トラフで地震が起きると、首都直下地震が連動して起きるのですか?

A 南海トラフでの地震と首都直下地震(首都圏での地震)が数年の間隔をおいて発生している例を3つ紹介します。その1:武蔵、相模の地震(878年/M7.4)と任和南海地震(887年/M8.0〜8.5)、その2:元禄関東地震(1703年/M7.9〜8.2)と宝永地震(1707年/M8.6)、その3:安政東海地震、安政南海地震(ともに1854年/M8.4)と安政江戸地震(1855年/M7.0〜7.1)。ただし、過去の例としては南海トラフの地震と首都圏での地震は個別に起きている場合の方が多く、必ずしも連動するとは限りません。

Q8 2011年に起きた東北地方太平洋沖地震は南海トラフに影響しないのですか?

A 東北地方太平洋沖地震は日本列島全体に影響をおよぼしました。たとえば長野県や静岡県など、普段あまり地震が起こらない場所でも大きな地震が発生しました。南海トラフ近くのプレート境界でも巨大地震の影響と考えられるゆっくり地震が確認されています(ゆっくり地震とは通常の地震に比べてプレート境界面がゆっくりとずれ動く現象で通常強い揺れを起こすことはありません)。しかし東北地方太平洋沖地震が南海トラフでの巨大地震発生に直接影響するかどうかは今のところわかっていません。

Q9 海溝型の巨大地震は100年から150年間隔で起きると聞きましたが間隔にばらつきがあるのはどうしてなのですか?

A いろいろな理由がからみ合い発生間隔がばらつくと思われますが、はっきりとはわかっていません。考えられる理由を2つ紹介します。①海溝型地震はプレートの沈み込みにより発生しますが、沈み込むスピードが常に一定であるとは限りません。②地震はプレート境界の固着域(とくに岩盤が強くくっついた場所)が大きく滑ることで引き起こされます。プレート境界ではゆっくり地震やスロースリップも発生することがあるため、これらの現象との兼ね合いにより固着域の滑り(巨大地震発生)が早まったり遅れたりする可能性が考えられます。

Q10 宇宙ステーションのように人が滞在できる海底ステーションはつくれないのですか?

A 1960年代から世界の国々が海中での居住実験をはじめており、日本ではJAMSTECが水面下での生活が人におよぼす影響を調べるための実験を行っていました(シートピア計画)。しかし、海中居住施設の建設・維持費用が高く、また海中居住によるメリットは少ないと考えられたため、世界中の海中居住計画のほとんどが中断されています。

監修：国立研究開発法人海洋研究開発機構（JAMSTEC）
　　　海域地震火山部門　火山・地球内部研究センター
　　　末次大輔（すえつぐ だいすけ）
　　　伊藤亜妃（いとう あき）

編著：佐久間博（さくま ひろし）
　　　1949年、宮城県仙台市生まれ。20代より40年間広告コピーライターの仕事に従事。旅を最良の
　　　友として仕事のかたわら世界各地を巡り歩き、訪れた国は50ヵ国を超える。著書にアフリカでの
　　　体験を綴った「パラダイス・マリ」、汐文社刊「きみを変える50の名言（全3巻）」、「空飛ぶ微生
　　　物ハンター」がある。現在、広告業界を退いて旅に関するエッセイや小説などを執筆中。

◎監修協力：JAMSTEC／研究プラットフォーム運用開発部門 運用部・木戸ゆかり
　　　　　　海域地震火山部門 地震発生帯研究センター・富士原敏也、野徹雄
　　　　　　海域地震火山部門 地震津波予測研究開発センター・木村俊則
　　　　　　海域地震火山部門 火山・地球内部研究センター・吉光淳子

◎画像提供：JAMSTEC／JAMSTEC/IODP／JAMSTEC 中村恭之、大林政行／
　　　　　　東北大学／東京大学地震研究所

◎イラスト：福田行宏（ふくだ ゆきひろ）

JAMSTEC

海はとても広く、海の底は暗く、強い水の圧力がかかる世界です。海にはまだ、だれも見たことが
ない場所がたくさんあって、明らかにされていない不思議なことがたくさん眠っています。
JAMSTEC は研究船や潜水調査船、無人探査機などのさまざまな調査機器を使って広い海を調べ、
その結果をもとに海や地球のなぞを解明するための研究を進めています。

いつ？どこで？
ビジュアル版 巨大地震のしくみ
② 調査の現場を見にいこう！

発　行　　2020年2月　　初版第1刷発行

監　修　　国立研究開発法人海洋研究開発機構（JAMSTEC）
編　著　　佐久間博
発行者　　小安宏幸
発行所　　株式会社 汐文社
　　　　　東京都千代田区富士見1-6-1　〒102-0071
　　　　　電話：03-6862-5200　FAX：03-6862-5202
　　　　　URL：https://www.choubunsha.com
企画・制作　株式会社 山河（生原克美）
印　刷　　新星社西川印刷株式会社
製　本　　東京美術紙工協業組合

ISBN978-4-8113-2635-1　　　　　　　　　　　　　　　　NDC453